爱上内蒙古恐龙丛书

我心爱的鹦鹉嘴龙

WO XIN'AI DE YINGWUZUILONG

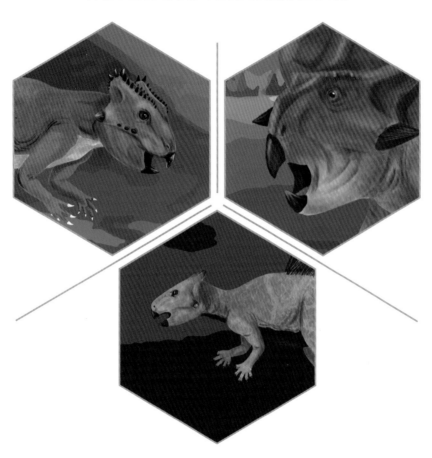

内蒙古自然博物馆 / 编著

内蒙古人民出版社

图书在版编目(CIP)数据

我心爱的鹦鹉嘴龙 / 内蒙古自然博物馆编著. —
呼和浩特：内蒙古人民出版社，2024.1
（爱上内蒙古恐龙丛书）
ISBN 978-7-204-17768-4

Ⅰ. ①我… Ⅱ. ①内… Ⅲ. ①恐龙-青少年读物
Ⅳ. ①Q915.864-49

中国国家版本馆 CIP 数据核字(2023)第 208256 号

我心爱的鹦鹉嘴龙

作　　者	内蒙古自然博物馆
策划编辑	贾睿茹　王　静
责任编辑	白　阳
责任监印	王丽燕
封面设计	李　娜
出版发行	内蒙古人民出版社
地　　址	呼和浩特市新城区中山东路 8 号波士名人国际 B 座 5 层
网　　址	http://www.impph.cn
印　　刷	内蒙古爱信达教育印务有限责任公司
开　　本	889mm×1194mm　1/16
印　　张	5.5
字　　数	160 千
版　　次	2024 年 1 月第 1 版
印　　次	2024 年 1 月第 1 次印刷
书　　号	ISBN 978-7-204-17768-4
定　　价	48.00 元

如发现印装质量问题，请与我社联系。联系电话：(0471)3946120

内蒙古恐龙新闻站

NEIMENGGU KONGLONG XINWENZHAN

🔥 恐龙快讯

身材苗条的**鹦鹉嘴龙**，让恐龙兄弟姐妹们都羡慕！

看图文科普，快速解锁恐龙新知识

恐龙的种类上千种

你最喜爱哪一种？

玩拼图游戏
拼出完整的恐龙模样

📹 恐龙世界

观看在线视频，享受视觉盛宴

**走近恐龙
揭开不为人知的秘密**!!!

恐龙拼图

🎤 恐龙访谈

听说恐龙们都很有故事。

倾听恐龙的**心声**

没办法，活得久见得多。

请展开讲讲……

内蒙古人民出版社 特约报道

内蒙古自治区鄂尔多斯市
☁ 温度：30℃

前　言

　　数亿年来，地球上出现过许多形形色色的动物，恐龙是其中最令人着迷的类群之一。恐龙最早出现在三叠纪时期，在之后的侏罗纪和白垩纪时期成为地球上的霸主。那时，恐龙几乎占据了每一块大陆，并演化出许多不同的种类。目前世界上已经发现的恐龙有1000多种，而尚未被发现的恐龙种类或许远超这个数字。

　　你知道吗？根据中国古动物馆统计，截至2022年4月，中国已经根据骨骼化石命名了338种恐龙，而且这个数字还在继续增长。目前，古生物学家在我国的26个省区市发现了恐龙化石，其中，内蒙古仅次于辽宁，是发现恐龙化石种类第二多的省区。

　　内蒙古现有40多种恐龙被命名，种类丰富，有很多具有重要的科研价值，如巴彦淖尔龙、独龙、乌尔禾龙和绘龙等。

　　你知道哪只恐龙创造过吉尼斯世界纪录吗？你知道哪只恐龙被称为"沙漠王者"吗？你知道哪只恐龙练就了"一指禅"功法吗？这些问题，在"爱上内蒙古恐龙丛书"中，都能找到答案。

　　"爱上内蒙古恐龙丛书"选取了12种有代表性的在内蒙古地区发现的恐龙，即巴彦淖尔龙、中国鸟形龙、临河盗龙、临河爪龙、乌尔禾龙、鄂托克龙、阿拉善龙、鹦鹉嘴龙、巨盗龙、绘龙、独龙和耀龙，详细介绍了这些恐龙的外形特征、发现过程以及家族成员等。每一种恐龙都有一张属于自己的"名片"，还有精美清晰的"证件照"，让呈现在读者面前的恐龙更加鲜活生动。

　　希望通过本丛书的出版，让大家看到内蒙古恐龙，乃至中国恐龙研究的辉煌成就，同时激发读者对自然科学的兴趣。

　　在丛书的编写过程中，我们借鉴了业内专家的研究成果，在此一并致谢！

第一章 恐龙驾到

或许你对鹦鹉嘴龙并不熟悉，但你一定听过那句"天苍苍，野茫茫，风吹草低见牛羊"。想象一下几千万年前，鹦鹉嘴龙就像现生的羊群一样，成群结队地生活在史前的内蒙古。

我心爱的
鹦鹉嘴龙

数量如此繁多的鹦鹉嘴龙似乎变了个突然消失的魔术,没有和大多数恐龙一样在白垩纪灭绝。那么,鹦鹉嘴龙都去哪儿了呢?难道它们真的消失了吗?如果你想揭开鹦鹉嘴龙的神秘面纱,那就跟随恐龙猎人诺古一起来探索吧!

内蒙古自治区鄂尔多斯市

温度：30℃

恐 龙

恐龙幼儿园

招聘：鹦鹉嘴龙幼儿园现招聘数名教师

要求：责任心强，喜欢小朋友，性格温和，为人善良。

薪资待遇优厚，缴纳五险一金。

欢迎您的加入！

Psittacosaurus neimongoliensis

内蒙古鹦鹉嘴龙

Lynx lynx

诺古

你好，你是谁家的小朋友呀？

呜呜呜……

乖，先不要哭，告诉我发生了什么？

我和爸爸妈妈走散了……

不要着急，我会帮你找到的。你先告诉我你的名字，好不好？

访谈

恐龙气象局温馨提示：

今天天气多云

空气质量良好

主持人：诺古　　本期嘉宾：内蒙古鹦鹉嘴龙

我叫鹦鹉嘴龙。

那你的爸爸妈妈长什么样子呢?

它们和我长得差不多，不过比我长，大概1~2米，也比我高，大概有1米，它们的嘴和现生鹦鹉的嘴很像。

我好像见过，你看是它吗?

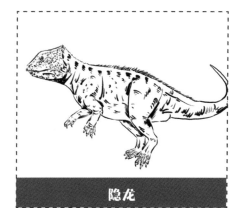

隐龙

不是，这是隐龙祖爷爷，是我们角龙家族中最原始的成员。

不好意思。可是你不是鹦鹉嘴龙吗，和角龙家族有什么关系?

隐龙的头部

我们都属于角龙家族，看我们鹦鹉一样的嘴就知道了。不过我们的"鹦鹉嘴"前端又平又圆润。

原来是这样，不仔细看还真的很难发现。你的爸爸妈妈还有什么其他的特点呢？

我爸爸妈妈的脸颊两侧还各长有一个角，而且它们的前肢比后肢短，是用后肢行走的。

有这样特征的鹦鹉嘴龙我也见过，你看一下是它吗？

这个也不是，她是我的远房亲戚中国鹦鹉嘴龙，虽然它和我的爸爸妈妈长得很像，但是它的头部以及脸部两侧的角更宽，而且在它们的眼眶后面还有一个特别明显骨质突起。

内蒙古鹦鹉嘴龙的头部

中国鹦鹉嘴龙的头部

中国鹦鹉嘴龙的头骨

原来如此，脸部两侧的角比较宽的鹦鹉嘴龙还有西伯利亚鹦鹉嘴龙、陆家屯鹦鹉嘴龙和较大鹦鹉嘴龙，想来它们也是你的亲戚吧！

没错，不过它们是我的远房亲戚。它们脸部两侧的角都比我爸爸妈妈的宽，其中西伯利亚鹦鹉嘴龙是家族中体形最大、角最多的一类，它们的眼眶后面还有很多角呢，特别酷！

西伯利亚鹦鹉嘴龙的头部

西伯利亚鹦鹉嘴龙

那陆家屯鹦鹉嘴龙呢？

陆家屯鹦鹉嘴龙的头部

陆家屯鹦鹉嘴龙的体形也比我爸爸妈妈的大，它和较大鹦鹉嘴龙的亲缘关系比较近。

天呐，这也太复杂了吧！较大鹦鹉嘴龙不会是因为体形较大才有了这个名字吧？

较大鹦鹉嘴龙的头骨

不是的，"较大"是因为它的头特别大，大约占身体比例的30%，是家族中的"大头"。

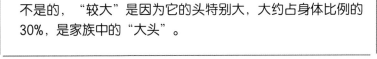

这么说你爸爸妈妈的体形在鹦鹉嘴龙家族中并不算大，而且头骨和脸部两侧的角较窄……我想起来了，是它吗？

梅勒营鹦鹉嘴龙头部

也不是，这是梅勒营鹦鹉嘴龙，它的体形还没有我爸爸妈妈的大呢，从侧面看，它的头部近圆形，而且它的口鼻部特别短。

感觉想要找到你的爸爸妈妈就像大海捞针，我们有什么办法可以缩小范围吗？

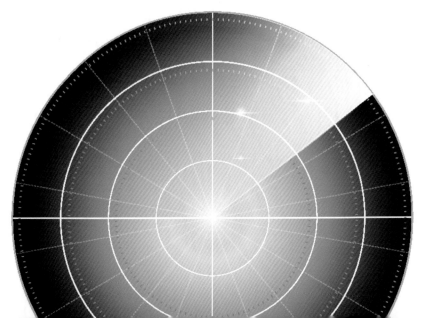

我想想，我在内蒙古出生，这样可以缩小范围吗？

我知道有三种来自内蒙古的鹦鹉嘴龙呢！我们看看这里面有没有你的爸爸妈妈。

鄂尔多斯鹦鹉嘴龙的头部

这是和我们在一起生活的鄂尔多斯鹦鹉嘴龙，它是家族中体形最小的成员。

那旁边的这位呢？

戈壁鹦鹉嘴龙的头部

这是戈壁鹦鹉嘴龙，它的体形也很小。我爸爸妈妈的体形可比它们大多啦！

我猜最后这位一定是……

这是我的妈妈。

内蒙古鹦鹉嘴龙的头部

天呐，太不容易了。可它是双足行走，你为什么是四足行走呢？

因为我们刚出生的时候都是用四足行走，3岁之后才会双足行走。

原来是这样。不过看了这么多鹦鹉嘴龙，你确定没有认错吗？

当然不会，我的妈妈可是家族中的"大美龙"。它除了脸部两侧长着两个角之外，其他地方都很光洁，而且大部分族人的头部比较宽，但我妈妈的头部比较窄，所以它的脸是"瓜子脸"，而且它的尾巴修长、身材纤细……

看来你们是家族中的颜值担当呀!

没错,等我成年的时候也会变成像妈妈一样的"大美龙"。

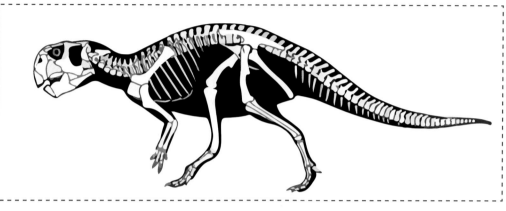

内蒙古鹦鹉嘴龙的骨架

你看起来这么小,需要过好久才会成年吧?

我现在还小,还在长个子呢,但用不了多久我就成年了,我们 6 岁成年,4 岁之前我们的体长会以每年一倍的速度增长。

这么快,那你很快就长大了。

不过,4 岁之后我们的增长速度就变慢了。

鹦鹉嘴龙

那你们会这样一直慢慢变大吗?

我们的体形也有上限,内蒙古鹦鹉嘴龙最大也只能长到 2 米。

 谢谢你，我今天学习到了好多新知识。不过，我特别好奇你为什么自己跑出来了？

我们被巨爬兽袭击了，然后我四处躲藏，所以和家人走散了。

化石猎人成长笔记

巨爬兽生活在约1.25亿年前的中国，它们是目前已知中生代体形最大的哺乳动物。成年巨爬兽的体长可达1米，体重约为12~14千克。

巨爬兽

 居然能从巨爬兽的嘴下逃脱，你可真厉害！

这都多亏了我皮肤的颜色。

 这种深褐色的背部和较浅的腹部颜色好像并没有什么特别，难道是你们前肢上的黑色斑点和后肢上的条纹吗？

鹦鹉嘴龙

你可别小看我们的体色，这是典型的"反荫蔽"色，可以帮助我们躲避猎食者。

"反荫蔽"色是什么?

就是正常视觉效果中阴影部分是在地面或下部,而我们腹部的颜色浅,背部的颜色深,相当于在我们的身体上形成了一个阴影,这样就不容易被发现啦!

原来是这样,可是对人类来说,恐龙皮肤的颜色是很难知晓的,你们的肤色是如何被发现的呢?

当然是古生物学家通过我们的皮肤化石发现的。

西伯利亚鹦鹉嘴龙

这也太难得了吧,古生物学家可真厉害!看来你们在人类眼中的"肖像画"都需要更新了。

鹦鹉嘴龙"肖像画"

古生物学家之前推测我们的皮肤颜色是绿色或者与环境颜色接近。比起绿色,我还是喜欢现在的我。

其实这两种颜色都不错。哈哈,在回家之前你可以给我们详细地讲讲你的族人吗,我还想多了解一些。

当然可以,那就先从我们家族讲起吧。

我的身材最苗条啦

🔍 内蒙古鹦鹉嘴龙	全部

拉丁文学名： *Psittacosaurus neimongoliensis* ▬

属名含义： 长着鹦鹉嘴的蜥蜴 ▬

生活时期： 白垩纪时期（约 1.26 亿年前） ▬

化石最早发现时间： 1996 年 ▬

　　1996年，古生物学家在内蒙古自治区鄂尔多斯市伊金霍洛旗发现了一个接近完整的恐龙骨骼化石，经研究将其命名为内蒙古鹦鹉嘴龙，属名"*Psittacosaurus*"，意为长着鹦鹉嘴的蜥蜴，种名"*neimongoliensis*"取自发现地内蒙古。

内蒙古鹦鹉嘴龙生活在一个大家庭中，有很多龙兄龙妹，最早的模式种是蒙古鹦鹉嘴龙。鹦鹉嘴龙是目前中国发现的数量最多的恐龙类型之一。

模式种像一个参照物，用来对比后期新发现的物种，也就是说，如果新发现的物种与这个参照物相似，那么就和模式种属于同一家族。

模式种

鹦鹉嘴龙家族的外貌特征基本相似，但具体来说也有一些细微的差别。内蒙古鹦鹉嘴龙与其他鹦鹉嘴龙相比，头部偏窄、尾部修长，它们的整个身体看起来更加纤细苗条，所以内蒙古鹦鹉嘴龙是它们家族中的"瘦子"哦。

🔍 | 内蒙古鹦鹉嘴龙   全部 ▸

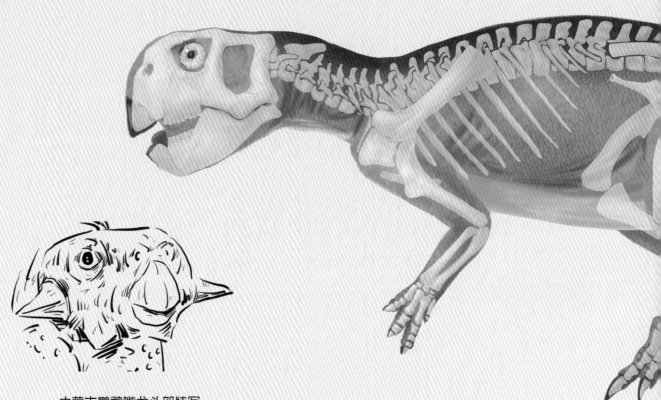

内蒙古鹦鹉嘴龙头部特写

　　内蒙古鹦鹉嘴龙长有一张和鹦鹉一样的"鸟嘴"，这是它们家族最典型的特征，它们的"鸟嘴"（喙部）尖锐有力，可以咬断植物的根茎，在嘴里两侧各有7~9颗质地光滑的三叶状颊齿。

内蒙古鹦鹉嘴龙的头部又短又宽，脑门高高的，两个颧骨上长了两只尖尖的小角，看起来特别可爱。古生物学家推测它们脸两侧的角用在种内争斗中。它脖子很短，有6~9节颈椎。它们属于小型的恐龙，成年后最大可能会达到2米。

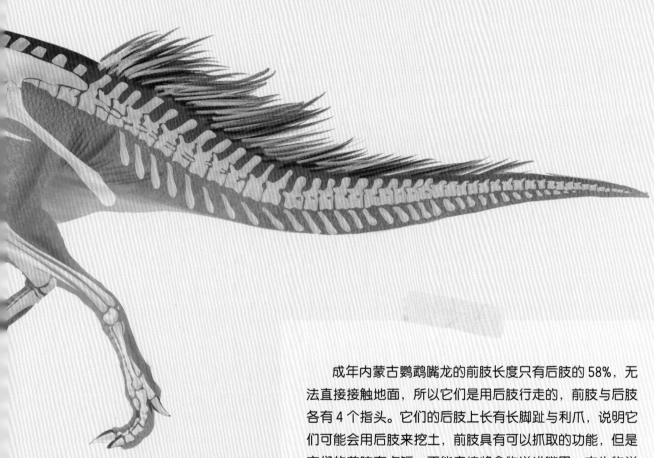

成年内蒙古鹦鹉嘴龙的前肢长度只有后肢的58%，无法直接接触地面，所以它们是用后肢行走的，前肢与后肢各有4个指头。它们的后肢上长有长脚趾与利爪，说明它们可能会用后肢来挖土，前肢具有可以抓取的功能，但是它们的前肢有点短，不能直接将食物送进嘴巴，古生物学家推测它们的前肢可以用来搬运筑巢所需的材料或将食物送到嘴巴可以触碰到的范围。

内蒙古鹦鹉嘴龙家族树

白垩纪

晚白垩

早白垩世

侏罗纪

晚侏罗世

中侏罗

早侏罗世

戈壁微角龙

蒙古鹦鹉嘴龙

侯氏红山龙

梅勒营鹦鹉嘴龙

西伯利亚鹦鹉嘴龙

内蒙古鹦鹉嘴龙

陆家屯鹦鹉嘴龙

中国鹦鹉嘴龙

辽宁角龙

宣化角龙

当氏隐龙

辽西朝阳龙

鹦鹉嘴龙科

新角龙下目

角龙亚目

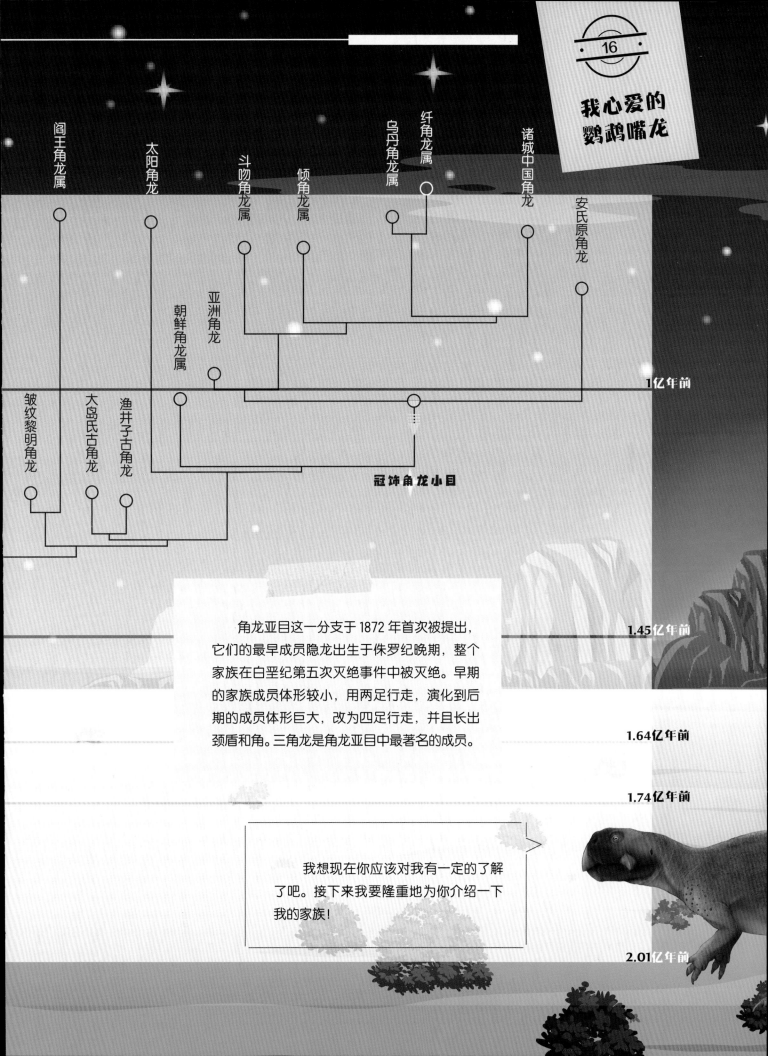

阎王角龙属

太阳角龙

斗吻角龙属

倾角龙属

乌丹角龙属

纤角龙属

诸城中国角龙

安氏原角龙

朝鲜角龙属

亚洲角龙

皱纹黎明角龙

大岛氏古角龙

渔井子古角龙

冠饰角龙小目

1亿年前

1.45亿年前

1.64亿年前

1.74亿年前

2.01亿年前

角龙亚目这一分支于1872年首次被提出，它们的最早成员隐龙出生于侏罗纪晚期，整个家族在白垩纪第五次灭绝事件中被灭绝。早期的家族成员体形较小，用两足行走，演化到后期的成员体形巨大，改为四足行走，并且长出颈盾和角。三角龙是角龙亚目中最著名的成员。

我想现在你应该对我有一定的了解了吧。接下来我要隆重地为你介绍一下我的家族！

第二章 恐龙速递

大约在 2.3 亿年前的三叠纪，一类名叫恐龙的爬行动物出现了，它们是中生代时期的主要居民，几乎占据了当时的每一片大陆。

迄今为止，全世界发现的恐龙有 1000 多种。古生物学家根据恐龙的骨骼特征等，将恐龙分为诸多家族，如甲龙类、剑龙类和角龙类等。每一个家族包含许多成员，它们虽为同一家族，却各具特点：有些尾巴上长着大尾槌，有些尾巴上长着尖刺；有些喜欢吃植物，有些喜欢吃鱼；有些头上长着"长管"，有些头上戴着"头盔"……

我可是角龙家族的祖先

🔍 大岛氏古角龙	全部

拉丁文学名：*Archaeoceratops oshimai*   −

属名含义：**最古老的角龙**   −

生活时期：**白垩纪时期（约 1.25 亿年前）**   −

命名时间：**1997 年**   −

　　古生物学家在甘肃省马鬃山地区公婆泉盆地发现了大批的恐龙化石，经研究发现里面包含好几种恐龙的化石，其中的一种是角龙中最原始的一种，被命名为大岛氏古角龙。属名"*Archaeo*"意为"古老"，就是指这只恐龙是最古老的角龙之一。

　　同在公婆泉盆地发现的还有鹦鹉嘴龙，这说明鹦鹉嘴龙与大岛氏古角龙一起生活过，古生物学家认为，这说明古角龙是角龙家族真正的祖先！这也证实了角龙家族可能起源于亚洲，后期才迁移到北美洲的假说。

一听它的名字大岛氏古角龙，你一定以为它会长一只尖尖的角吧，不然它怎么叫古角龙呢。但是要让你失望啦，大岛氏古角龙的角还没长出来呢，只有一个小小的颈盾，因为人家是角龙类的祖先呀，角是后期才长出来的。

大岛氏古角龙体形小巧，只有大概1米，不同于后期的角龙类，它们是双足行走，前肢与后肢相比较短。从侧面看，它们长有和鹦鹉一样的嘴巴，嘴巴前端有小钩子，十分锋利，可以用来摘下植物的叶子。蕨类、苏铁类和松柏类等植物都是它们最爱的美食。

我可没有角哦

🔍 | **安氏原角龙**   **全部** ▼

拉丁文学名： *Protoceratops andrewsi*   —

属名含义： 第一个有角的脸   —

生活时期： 白垩纪时期（7500万～7100万年前）   —

命名时间： 1923年

安氏原角龙属名"*Protoceratops*"意为"第一个有角的脸"，种名"*andrewsi*"来自发现它的古生物学家安德鲁斯的名字。

听到安氏原角龙的属名含义，你肯定会认为它会有一根长长、尖尖的角吧，可是它们并没有角哦。它们长有一个特征显著的颈盾，用来保护它们的脖子不受攻击。

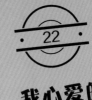

角龙类的颈盾对于它们有着很重要的作用，所以在角龙家族演化中，颈盾越来越华丽。原角龙属于小型恐龙，最长可达 2 米，但是它们长有颈盾的头却占到三分之一。

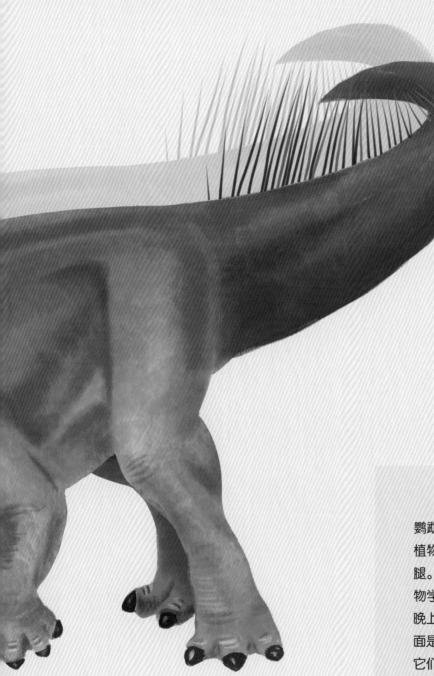

原角龙的嘴巴前端已经演化为就像鹦鹉的角质喙，它们有力的尖嘴能啃断植物的根茎，甚至可以咬断猎食者的前腿。它们有一双水汪汪的大眼睛，古生物学家认为它们可能是"夜猫子"，在晚上也能正常地生活。它们的大脑袋后面是圆鼓鼓的身体和短短的尾巴，别看它们看上去胖胖的，跑起来最快能达到每小时 40 千米呢。

看看谁的头能大过我

🔍 **诸城中国角龙** | 全部

拉丁文学名: *Sinoceratops zhuchengensis*

属名含义: 来自中国的长角的脸

生活时期: 白垩纪时期(8400万~7200万年前)

化石最早发现时间: 2008年

2008年,古生物学家在山东省诸城市的化石挖掘中,首次在中国发现角龙科恐龙,2010年古生物学家徐星将其命名为诸城中国角龙。它的名字简单明了,属名中的 "*Sino*" 意为 "中国","*ceratops*" 意为 "长角的脸",整体就是来自中国的长角的脸,种名 "*zhuchengensis*" 来自它的发现地点诸城市。

诸城中国角龙的发现有很重大的意义,它不仅是中国首次发现大型角龙类,而且打破了以往中国没有大型角龙的认知。因为一直以来在中国只发现过角龙家族的原始成员,进化的大型角龙类化石过去只在北美地区发现过,诸城中国角龙的发现打破了亚洲没有大型角龙的猜测,而且动摇了以往角龙家族的分支演化关系,对探究白垩纪恐龙的迁徙规律有着重要的意义。

诸城中国角龙的体形在恐龙王国中并不算高大的，但是在角龙家族中可算大的啦，是目前已知最大型的尖角龙类恐龙。它不像角龙明星三角龙一样有三只角，它们只有一只尖尖的、又短又弯的鼻角。

诸城中国角龙头部

诸城中国角龙最引以为傲的是它们的颈盾，它们有一个边缘带有尖刺的特大号的带孔的颈盾，可以保护脖子不被猎食者伤害。这个巨型颈盾使得它们的头部长达1.8米，成为恐龙王国的"大头"。华丽的颈盾使得中国角龙在角龙家族中声名鹊起，在国际上也赫赫有名，电影《侏罗纪世界2》中就有它们的身影。

我就是黎明前的曙光

🔍 | **皱纹黎明角龙** | 全部

拉丁文学名： *Auroraceratops rugosus* ▬

属名含义： 角龙的黎明 ▬

生活时期： 白垩纪时期（约 1.2 亿年前） ▬

化石最早发现时间： 2004 年 ▬

2004 年，古生物学家又在甘肃马鬃山发现了继古角龙后的另一位角龙家族的前辈成员，将其命名为皱纹黎明角龙。属名中的"*Aurora*"意指"黎明"，说明它在角龙家族中有着十分重要的位置。种名"*rugosus*"意指"表面不平整"，因为它的泪骨突出，使它的头部、面部看起来并不流畅。

皱纹黎明角龙与古角龙都是较为原始的角龙家族，古生物学家将它们的头骨特征进行对比发现，皱纹黎明角龙的鼻孔、牙齿等部位表现出来的特征比和古角龙都要更接近冠饰角龙类（后期的角龙类），所以它几乎是最接近冠饰角龙类的原始新角龙类群。

一直以来的化石挖掘结果都显示角龙家族起源于亚洲，而且辐射出很多种家族前辈成员，例如鹦鹉嘴龙，可是中间是谁继承了角龙家族的血脉这一问题一直没有化石证明，直到皱纹黎明角龙的出现。所以，古生物学家称它为黎明角龙就是为了突出它们在早期角龙家族中的重要性，象征着角龙家族盛世黎明的到来。

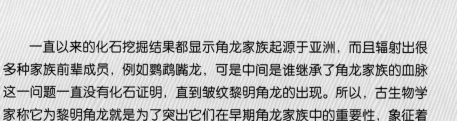

皱纹黎明角龙的头骨

皱纹黎明角龙的头部长约 20 厘米，体长约 1.2 米，是体形较小的恐龙了。大部分新角龙类的口鼻狭长，但是黎明角龙的口鼻较短、较宽，在黎明角龙的眼睛前方和下巴两侧，古生物学家还发现了隆起的痕迹，他们推测这些隆起处应该覆盖着角质层。不过都不是非常锐利，不太可能是抵御猎食者的武器，有可能是用于因为配偶或食物而引起的种内斗争，为了在种内斗争中战胜对手。

我可是实至名归的老祖宗

拉丁文学名： *Yinlong downsi* ▬

属名含义： 隐龙 ▬

生活时期： 侏罗纪时期（约 1.58 亿年前） ▬

化石最早发现时间： 2004 年 ▬

当氏隐龙的头骨

　　隐龙化石于 2004 年在新疆准噶尔盆地五彩湾被发现，和最古老的暴龙成员五彩冠龙来自同一个家乡。属名"*Yinlong*"来自电影《卧虎藏龙》，因为隐龙的发现地点与《卧虎藏龙》在新疆的拍摄地点接近。种名"*downsi*"为了纪念一位去世的古生物学家 Will Downs，他在发现隐龙的前一年去世，曾参加过中国很多的古生物挖掘。

角龙类包括基干角龙类、鸭嘴龙科和新角龙类。基干角龙类是指鹦鹉嘴龙科和新角龙类分化之前的角龙类，它们在家族中的位置可能是这两个种群共同的祖先。那说明隐龙可是鹦鹉嘴家族的老祖宗，这也证明了角龙类起源于中国。

隐龙与后期的角龙类不同，它们的头上既没有角也没有颈盾，但是它们也具有角龙类特有的吻骨。隐龙最大的特点是拥有鹦鹉嘴龙家族的显著特征——一张类似鹦鹉的带尖钩的嘴。它们的前肢又短又细，后肢相对长而有力，所以古生物学家推测它们主要用双足行走，这符合鹦鹉嘴龙家族的行走方式，但与后期角龙类四足行走方式不同。

白垩纪时期的"羊群"

🔍 | **侯氏红山龙**　　　　　　　　　　　　　　　　　全部

拉丁文学名： *Hongshanosaurus houi*

属名含义： 红山龙

生活时期： 白垩纪时期（约 1.25 亿年前）

命名时间： 2003 年

2003 年，古生物学家在辽宁省的北票市发现了一些恐龙化石，经过研究将其命名为侯氏红山龙。属名 "Hongshanosaurus" 取自中国东北部的古代红山文化，因为化石发现地点与红山文化地点相近，种名 "houi" 是为了纪念负责保存该标本的古生物学家侯连海教授。

侯氏红山龙具有鹦鹉嘴龙家族典型的特征——和鹦鹉嘴巴相似的嘴，它们的嘴巴尖锐有力，可以咬断植物的根茎。但是，它也有着和其他鹦鹉嘴恐龙不同的特征，它们的头顶偏低，眼眶形状并不像其他鹦鹉嘴龙一样是圆的，而是椭圆形，大大的眼睛特别呆萌。它们属于小体形恐龙，只有 1.2 米，看起来和我们现在的猪、羊差不多大。

侯氏红山龙和其他鹦鹉嘴龙一样，前肢又细又短，用后足行走。和侯氏红山龙一起被发现的还有很多鹦鹉嘴龙，它们在这片土地上结伴而行，一起生活。

古生物学家推断侯氏红山龙和同地区的其他鹦鹉嘴龙一样可能在尾部具有羽毛，与它们同在义县组的肉食性恐龙有奇异帝龙和华丽羽王龙。体形较它们更大一点的帝龙可能是它们的主要猎食者，所以它们萌萌哒的眼睛要时刻关注周围环境的情况，以便发现危险并逃跑。

mini 版角龙就是我

戈壁微角龙

全部

拉丁文学名： *Microceratus gobiensis* —

属名含义： 微角龙 —

生活时期： 白垩纪时期（约 6500 万年前） —

化石最早发现时间： 1953 年 —

1953 年，古生物学家在内蒙古巴彦淖尔市
巴音满都呼发现了一些恐龙化石，将其命名为戈
壁微角龙。后来，古生物学家发现它的拉丁文名
"*Microceratops gobiensis*" 与一种昆虫撞名了。
在古生物界取名字可是一项技术活儿，如果一个
名字被其他动物用过的话，这个名字就不可以再
用啦。所以在 2008 年，其他古生物学家又将其属
名改为 "*Microceratus*"。

戈壁微角龙只有 0.6 米长，约 5 千克重，是角龙类中体形最小的角龙，和兔子差不多大。它们用后足行走，过着群居的生活。

戈壁微角龙具有像鹦鹉一样的嘴，头上有一个小颈盾用来保护它们的脖子，与其他角龙科成员不同的是它们的颈盾又矮又小，所以它们也叫小角龙。在当时，低矮且具有韧性的植物生长繁盛，例如蕨类、松柏、苏铁等，这都是它们喜爱的食物，所以遍地都是它们的美食，它们尖锐锋利的嘴巴可以轻而易举把植物咬断。它们是体形最小的恐龙之一。

我可比鹦鹉嘴龙老多了

🔍 辽西朝阳龙	全部

拉丁文学名： *Chaoyangsaurus youngi*

属名含义： 来自朝阳的恐龙

生活时期： 侏罗纪时期（约 1.5 亿年前）

命名时间： 1999 年

　　1999 年，古生物学家正式将在辽宁省朝阳市挖出的恐龙化石命名为辽西朝阳龙。辽西朝阳龙化石的命名可谓是一波三折，早在 1983 年时就被命名了，可是因为拼写问题成为无效名，接着古生物学家不断更正，可是总出现各种状况导致命名无效，直到 1999 年，历时 16 年，辽西朝阳龙才算真正有了名字。

　　辽宁朝阳龙的属名 "*Chaoyangsaurus*" 意为来自朝阳的龙，种名 "*youngi*" 为了纪念中国古生物学家杨钟健教授，所以又称杨氏朝阳龙。

辽西朝阳龙在角龙家族中可是比鹦鹉嘴龙类还要原始的成员，是与隐龙级别差不多的元老级前辈，它们都处于侏罗纪晚期，属于小型恐龙，体长只有大约1米。

与后期成熟的角龙相比，辽西朝阳龙的牙齿数量要少很多，头部看起来与鹦鹉嘴龙相似，并没有角，具有典型的鹦鹉嘴，头顶较扁。它们喜欢吃低矮的蕨类并结伴而行。

蕨类植物

第三章 恐龙猎人

中生代可谓是爬行动物的天下，无论是海洋、天空还是陆地，都有它们的身影。海洋中，有鱼龙类和蛇颈龙类等海生爬行动物占据；天空中，有翼龙这种会飞的爬行动物翱翔；陆地上，被称为"恐怖蜥蜴"的恐龙称霸一方。

我心爱的
鹦鹉嘴龙

　　恐龙在地球上统治了 1.6 亿年之久，除陆地外，它们还涉足天空和海洋。恐龙拥有惊人的适应能力，随着环境的变化，演化出独特的身体结构，有着各种不同的生存技能，是中生代时期最繁盛和最具生存优势的脊椎动物。

　　虽然目前已经发现和认识了许多恐龙，但还有很多与恐龙相关的内容有待我们进一步发掘。如果你对自然充满好奇，那就请随我们一起回到恐龙世界吧，不断经受磨炼，成长为一名优秀的恐龙猎人！

恐龙幼儿园

时光倒流回一亿年前，这里没有车水马龙，没有混凝土的高楼大厦，没有吵闹的鸣笛声，也没有人类。目光所及满是绿意，树林郁郁葱葱，远山若隐若现。

广袤的森林里主要生长着与现在一样的松柏类、苏铁和蕨类等植物。阳光穿过丛林留下一道道光束，洒在湿润的泥土上。幽静的森林中偶尔传出一些动物的叫声，温暖而湿润的空气中弥漫着植物和泥土的芳香。

在2007年，古生物学家将它们的"尸骨"挖掘出来。

一般情况下，上亿年前的恐龙死后大部分会在第一时间被食腐动物或者细菌所吞噬。

只有在机缘巧合的情况下恐龙的遗体才会迅速被掩埋，例如发生火山爆发、塌方、滑坡和泥石流等，接下来还需要具备适宜的温度，或某些介质作用，吸干它们体内的水分。

再经过特殊的地质作用等自然条件，才使其很难形成化石的肌肉、皮肤等软组织变成化石，幸运地保留并埋藏下来。

沉积物 ....

泥沙 ....

火山灰 ....

潮湿沼泽 ....

可爱的鹦鹉嘴龙跨越亿年的时间，以这样的形式来到我们面前，等待我们揭开它们的家族谜题。

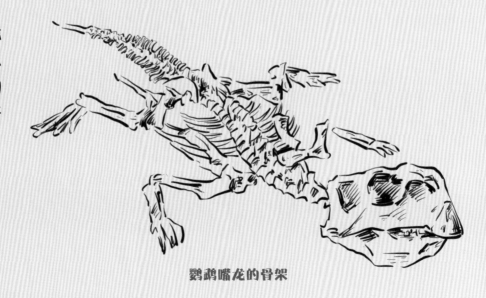

鹦鹉嘴龙的骨架

　　在这块"尸骨"化石上，堆满了密密麻麻的森森白骨，其中有一只体形较大的鹦鹉嘴龙个体和34只幼年个体。

　　从姿势上看，这群小家伙们在成年鹦鹉嘴龙的下方缠绕在一起，所有幼崽的34颗头骨都位于身体上方，这可以推测它们当时可能是站立的姿势。

所以它们被埋前都还活着，而且是在极快的速度下被掩埋。

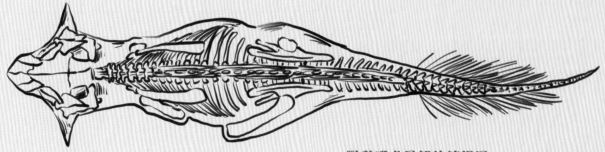

鹦鹉嘴龙骨架的俯视图

　　古生物学家通过鹦鹉嘴龙的骨骼特征发现这些鹦鹉嘴龙相差并不大。根据它们的骨骼化石推测，它们平均长度在25厘米左右，头骨骨骼上明显的骨缝符合鹦鹉嘴龙宝宝的特征，这显然是一群刚刚出生不久的龙宝宝。但是，它们的骨头已经开始变硬，说明它们已经被成年鹦鹉嘴龙照顾一段时间了。

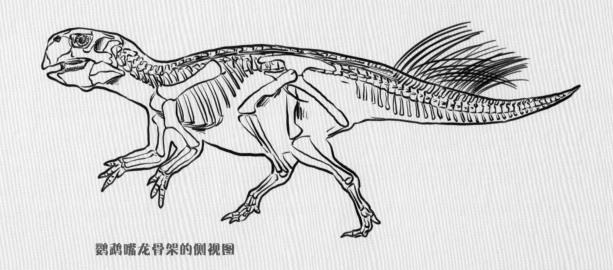

鹦鹉嘴龙骨架的侧视图

照顾它们的成年鹦鹉嘴龙保存着完好的头骨、脊椎等化石，古生物学家推测这只成年鹦鹉嘴龙应该长1米左右，而且还发现这只较大的鹦鹉嘴龙并不是完全发育成熟的成年个体，也只是一只较大的幼年个体。

那就是说，鹦鹉嘴龙宝宝的看护者不一定是它们的父母，也有可能是亲戚，或者是它们的哥哥或姐姐，或者它只是临时照看的保姆。

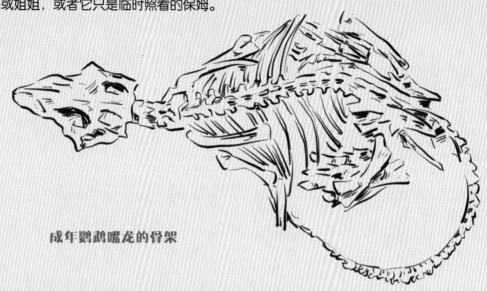

成年鹦鹉嘴龙的骨架

古生物学家发现人类并不是唯一会照顾朋友或者亲戚孩子的动物，像这种帮助其他个体照顾幼崽的行为在鸟类中也普遍存在，所以古生物学家推测非鸟类恐龙中也可能存在"带孩子"行为。

鹦鹉嘴龙幼儿园

这只鹦鹉嘴龙也有可能是这群龙宝宝的父母，因为许多种类的非鸟类恐龙未完全成年就可以生儿育女了。古生物学家还发现这个化石上，鹦鹉嘴龙宝宝的数量远远超过一只鹦鹉嘴龙一次生产的数量，那就是说这群鹦鹉嘴龙宝宝不是来自一个家庭，而是将好几个家庭孵出的龙宝宝聚集在一起共同照看的，所以这是一个鹦鹉嘴龙宝宝幼儿园呀！

没想到吧，鹦鹉嘴龙竟然也和你一样会上幼儿园。

鹦鹉嘴龙妈妈可能也会和你的妈妈一样，帮幼年鹦鹉嘴龙宝宝挑一个幼儿园，送它们去认识新朋友，一起学习生存技能，一起生活玩耍。

看起来鹦鹉嘴龙宝宝的成长过程可能和我们人类极其相似。

玩耍

除了要上幼儿园，古生物学家还发现鹦鹉嘴龙可能还会继续"深造"。通过鹦鹉嘴龙和原角龙的行迹化石发现，幼年个体会与成年个体分开生活，单独成群，古生物学家将这样由幼年恐龙组成的群体称为小群。

幼年个体小群与成年群的生
活区域截然不同，它们表现得像
一个新的独立的物种一样，尽早
地独立于成年群体。

幼年鹦鹉嘴龙

因为幼年的鹦鹉嘴龙与成年的鹦鹉嘴龙的体形相差较大，获取食物的范围可能也
处于不同的位置，体形大的鹦鹉嘴龙可以摄取高度1米左右的植物，幼年的鹦鹉嘴龙
可能会食用更加低矮而且鲜嫩的植物。

鹦鹉嘴龙家族

　　幼年鹦鹉嘴龙早早地担负起家族振兴的重任，将鹦鹉嘴龙家族的生态多样性丰富起来。幼年小群可能是整个家族中的主要群体，这就增加了鹦鹉嘴龙家族存活的概率，也意味着鹦鹉嘴龙这个群体是很难被灭绝的。

　　很多恐龙在这样的策略下确实幸存了下来，没有全部遇难。

那我们过去的恐龙世界场景可能要更新一下了。我们以往认为中生代的恐龙世界大多是成年恐龙，它们会季节性地组织繁衍生息。

实际上，中生代的恐龙世界应该有无数个四处流窜的幼年恐龙小群，它们占领了恐龙景观中的一席之地，所以在构建恐龙世界的画面时，要加入大量幼年小群的场景才更接近现实。

鹦鹉嘴龙骨骼化石

原来鹦鹉嘴龙早早就离开妈妈，学着独立生活在危险的丛林世界了，那它们是如何生活的呢？

鹦鹉嘴龙骨骼化石以发现数量众多而著名，也是已知最完整的恐龙化石之一。到目前为止，已发现超过 400 个个体，其中包括许多较完整的骨骼化石，还有大量不同年龄层的化石，从幼体到成年体都有，使科学家可以进行鹦鹉嘴龙成长速度的研究。大量的鹦鹉嘴龙化石记录，使它们成为中亚白垩纪早期的典型恐龙代表。

鹦鹉嘴龙骨骼化石

古生物学家猜测鹦鹉嘴龙小群的生活方式可能会像现生的蜥蜴、鸟类的幼年小群一样，它们的幼年个体小群也会独立于成年群体一起生活，这段时间里它们会一起吃饭一起睡觉，互相清理卫生。

当幼年个体小群中的鹦鹉嘴龙的体形长至与成年相近时，才会加入成年群体，开始过成年鹦鹉嘴龙的生活。

**我心爱的
鹦鹉嘴龙**

不同的是鹦鹉嘴龙小群可比我们人类独立多了，它们完全独立生存，而我们在学生群体时还很依赖父母，人类父母可比鹦鹉嘴龙父母辛苦太多。

幸运的是，人类繁衍子女的数量并没有鹦鹉嘴龙繁衍数量多，这说明，在生态中，动物的繁衍方式与抚养方式息息相关。

动物的繁殖数量取决于不同的繁殖策略，古生物学家将生态中动物的繁殖策略分为K选择和R选择。这两个繁殖策略是计算个体数量与个体生长速度之间的关系。

· 采用K选择繁殖策略的动物每次生产的宝宝数量少，但在后代抚养上会投入大量的精力和时间，并且K选择的动物一生中生产的后代总数也很少。

一般大型哺乳动物包括我们人类采取的就是K选择繁殖策略。相比较而言，采取R选择的动物会产生大量的幼崽，但是幼崽成活率较低，全靠量多取胜。

被天敌捕食

古生物学家认为就像鹦鹉嘴龙家族等其他非鸟类恐龙的繁殖策略属于R选择策略，它们一次会下好多蛋，孵化大量幼崽，以至于鹦鹉嘴龙种群的绝大多数总是由幼年个体组成。这一论断来自很多化石证据，古生物学家根据鹦鹉嘴龙的足迹化石发现，保存到现在的足迹化石主要由鹦鹉嘴龙幼年个体产生，而不是成年个体，还有大量化石证明很多个体在其死亡时都没有完全长大。

鹦鹉嘴龙的生长速度很快，它们会快速长大来增加群体存活概率。

很多选择R繁殖策略的动物群体，在后代抚养上可能不会投入过多的精力。例如，现生动物中的一些海龟，它们在海滩上生产出大量的蛋后就离开了，等小海龟自己破壳后爬回大海。

海龟

可是在这期间会有大量的猎食者将小海龟作为美食饱餐一顿，只有一部分侥幸存活下来的海龟延续了它们的家族。

古生物学家开始猜测恐龙可能也会像现生R选择的动物一样将后代弃养，可事实上并非如此。通过一些化石证明，有些非鸟类恐龙虽然采用了R选择的繁殖策略，但是还是会进行亲代抚养，以保证它们的血脉可以延绵不绝。

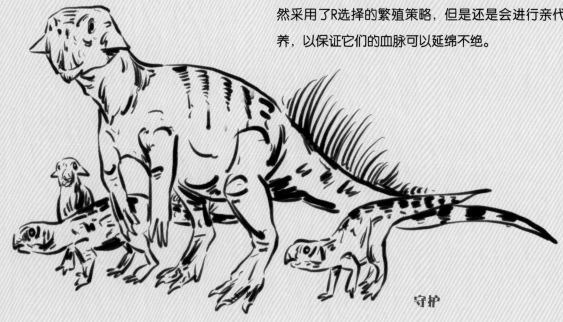

守护

鹦鹉嘴龙家族"幼儿园"化石就真正地证实了一些非鸟类恐龙即使选择R繁殖策略，还是会有抚养行为，鹦鹉嘴龙"照看者"守护在幼崽身边的行为让我们感觉到恐龙的责任心和温情。

古生物学家推测鹦鹉嘴龙等非鸟类恐龙的亲代抚养行为可能从预产期就开始了，他们在鸭嘴龙类恐龙慈母龙的化石上找到了相似的证据。

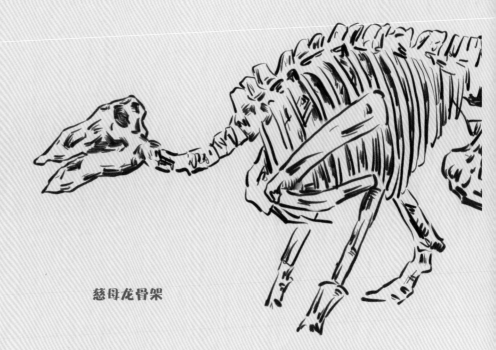

慈母龙骨架

慈母龙有一个"月子中心"，待产的慈母龙将巢筑到一起，方便一起照顾，巢和巢之间以适当的距离分开。

父母们一直守候在它们的巢边，会为它们的宝宝带来食物。古生物学家发现它们每年都会在同一个地方筑巢产子，因为化石显示它们的一个巢在另一个巢上，层层的巢叠在一起。

"月子中心"

我心爱的
鹦鹉嘴龙

筑巢产蛋以后，非鸟类恐龙会像现生鸟类一样孵化自己的蛋吗？

古生物学家推断体形较小的恐龙可能会坐在蛋上孵化，因为他们通过非鸟手盗龙类的化石发现，它们不仅会孵蛋，更令人惊奇的是孵化的蛋的数量远远超过一对恐龙父母一次生出的，所以这是一个"公共孵化中心"，大家会互相合作一起孵化。

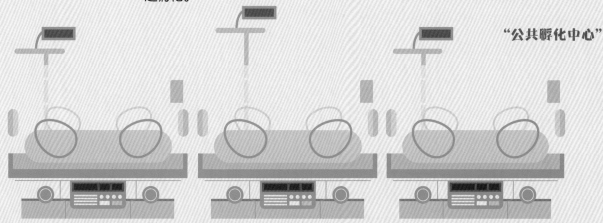

"公共孵化中心"

化石中正在孵蛋的"妈妈"很可能是一只雄性窃蛋龙。包括窃蛋龙类、伤齿龙、阿尔瓦雷兹龙和驰龙类化石都存在孵蛋的现象，所以古生物学家推测非鸟类恐龙的繁衍中孵化、养育下一代这一系列过程可能是集体相互合作完成的。

这样集体孵化、养育的行为在现生动物中也很普遍，与恐龙具有相近血缘关系的现生鳄类也是这样。在生产前，它们首先会用植物或者沉积物建造丘状的巢，产蛋以后，他们会守护这个巢直到幼崽孵化出来。鳄类宝宝出壳以后，母鳄会照顾这些宝宝，给它们喂食，帮助它们爬出巢穴并送到水中，保护它们免遭猎食者伤害，之后会一直和幼崽待在一起。

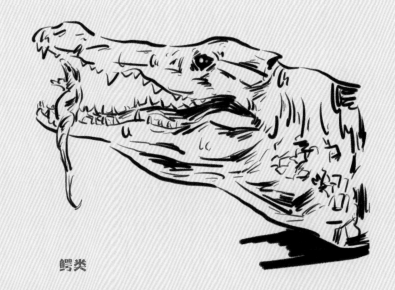

鳄类

古生物学家发现它们的亲代抚育在某些情况下甚至会更加复杂，它们中的一些鳄类父母之间会互相帮助，雌鳄鱼们会在彼此相邻的地方筑巢，一些鳄鱼父母会帮助养育其他巢穴中孵出的幼崽，这样就形成具有大量幼崽的"鳄鱼托儿所"。

亲代抚育不只有母亲参与，一些雄鳄鱼也会帮助雌性照顾幼崽，负责保护幼崽，还有将幼崽运送到水里等抚养工作。古生物学家参考现生鳄类的亲代抚育方式以及目前的恐龙亲子化石研究，推测像鹦鹉嘴龙等部分非鸟类恐龙也会进行集体繁衍，相互帮助照看彼此的蛋或者幼仔。

亲代抚育

看来鹦鹉嘴龙是恐龙王国中帮忙带娃的小能手，有些古生物学家认为这个带娃小能手也有可能是这群鹦鹉嘴龙宝宝的哥哥姐姐。

参照很多现生鸟类，它们的幼鸟在"成家立业"之前不会离开巢穴，会帮助它们的父母抚养下一代。古生物学家认为鹦鹉嘴龙的"带娃好手"可能也是这样，不过这都是古生物学家有趣的猜想。可以确定的是，鹦鹉嘴龙生活在一个相亲相爱的大家族，它们之间会彼此互相照应，互相帮忙，相互合作。

鹦鹉嘴龙骨架

生物学家最初观察鳄类在运输小鳄鱼时，以为它们会把自己的孩子吃掉，随着观察发现像鳄鱼这样凶猛的动物竟然也有母爱的温情。

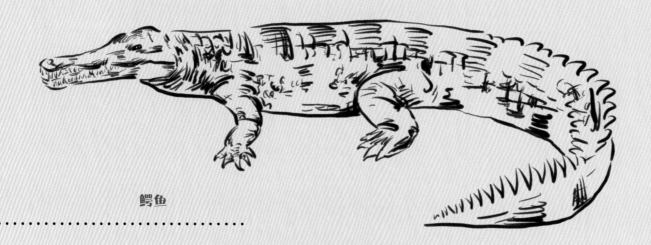

鳄鱼

随着研究的深入，我们心目中恐龙冷漠残暴的形象也开始转变。最初古生物学家认为恐龙可能不会照顾它们的宝宝，直到鹦鹉嘴龙"幼儿园"、慈母龙的巢穴以及窃蛋龙类爸爸保护蛋的化石被发现，诸多恐龙的亲代抚养行为证明它们是负责的父母。

慈母龙的巢穴

在它们看似冰冷的皮肤下也有母爱的温情，同伴间互相帮助的友情。它们也有自己的家族使命，会为家族的繁盛不断努力，与恶劣的环境抗争，与敌人争斗，与同类竞争。为了生存，它们不断地演化出适应环境的新技能。

消失的鹦鹉嘴龙

在鹦鹉嘴龙家族中，每隔一段时间就会发生一些离奇失踪事件，弄得大家龙心慌慌。

之前就发生了一起大型鹦鹉嘴龙化石失踪事件，经过调查发现，法兰克福自然博物馆严重违反国际惯例，斥巨资20万美元收购了从中国走私的珍贵鹦鹉嘴龙化石。这具鹦鹉嘴龙化石的珍贵之处在于鹦鹉嘴龙尾巴上竟然长有一簇像毛发的丝状物，所以这块鹦鹉嘴龙化石可能会改写恐龙与鸟类的演化关系。

这么珍贵的化石竟然落入化石贩子手中，被盗卖出国。最近又发生一件失踪案件，这次丢的不是化石了，而是活生生的幼年鹦鹉嘴龙宝宝。

现在聘请你加入我们的特别调查小组，找到偷鹦鹉嘴龙宝宝的真凶。

先看一下警方的报案记录，了解一些线索吧。

报案人： 鹦鹉嘴龙幼儿园园长

报案时间： 不明

报案内容： 警察同志一定要帮我找到宝宝呀！我当时准备带孩子们采摘食物，在采摘植物前警惕地观察了四周，并没有发现其他肉食恐龙，确定周围安全之后，我开始教孩子们选择食用什么样的植物。大家吃饱喝足后，我让鹦鹉嘴龙宝宝报数时却离奇地发现少了一只。我以为弄错了，又亲自数了好几遍，发现确实是少了一只。我又在四周找了几圈都没找到，却发现一串可疑的脚印。偷袭者用四足走路。从脚印痕迹来，偷袭以后就从另一个方向跑啦！警察同志，怎么办呀？这是什么动物啊！以前都没见过，和恐龙的脚印不一样！

谁是凶手

立案告知书

鹦鹉嘴龙幼儿园园长：

    鹦鹉嘴龙宝宝丢失一案，我局认为有违法犯罪事实，需要追究刑事责任，属于管辖范围，现对此案进行侦查。

    特此告知

警察局 恐龙王国 JING CHA JU

巨爬兽（*Repenomamus*）

你想到是谁了吗？

警长拿出辽西古生物户口本，对比脚印锁定了犯罪嫌疑人——巨爬兽，它是目前已知最大的中生代哺乳动物，发现于中国辽西地区，生存于距今1.25亿年前。

巨爬兽是一种凶猛的肉食类动物，它们嘴中长有锋利的犬齿，可以死死地咬住猎物。古生物学家在巨爬兽的胃中发现了还没有完全消化的幼年鹦鹉嘴龙化石，根据对残留骨骼化石的分析，初步推断被吞食的鹦鹉嘴龙是体长12 ~ 14厘米的幼体。

人证物证俱在，巨爬兽确实是偷袭猎食幼年鹦鹉嘴龙宝宝的罪犯。

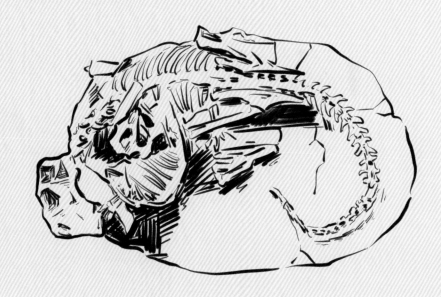

巨爬兽和鹦鹉嘴龙的骨架

古生物学家还发现了巨爬兽正在捕食鹦鹉嘴龙的化石证据，其中巨爬兽体长46.7厘米，鹦鹉嘴龙体长119.6厘米。虽然巨爬兽的体形比鹦鹉嘴龙的体形小很多，但它还是凶猛地捕食了鹦鹉嘴龙。

正在捕食鹦鹉嘴龙的巨爬兽

这打破了我们以往对恐龙的认知，原来恐龙也并非一直都是白垩纪的霸主，某些肉食哺乳动物例如巨爬兽，还有一些蛇类都会以恐龙幼崽为食。这让我们明白，鹦鹉嘴龙宝宝的生活环境原来危机四伏，天敌众多，除了要躲避肉食性恐龙的捕食，还要注意其他巨型哺乳类动物以及蛇类。

除了天敌，鹦鹉嘴龙还得和其他的植食性恐龙竞争更多的植物资源。善良的植食性恐龙为了避免恶性竞争，它们不同群落之间通过选择食用不同的植物来避免恶性竞争。

古生物学家通过研究植食性恐龙的咬合力，牙齿磨损情况以及取食高度等因素，发现植食性恐龙们在不自觉的情况下实行了生态位分离。各种植食性恐龙在拓展植物资源的同时巧妙地避免了竞争，这样避免了争抢和内部损耗，从而形成一个稳定的植食性恐龙生态系统。

例如角龙家族与鸭嘴龙家族共同生活在一起，角龙类拥有短小的四肢和颈部，这表明它们以生长在地面或接近地表的植物为食，相比较而言，鸭嘴龙类拥有更长的四肢、颈部和头骨，它们可以吃到高出地面更多的植物。角龙可能会选择吃不超过2米的植物，鸭嘴龙家族则会选择吃5米以上的植物。

鸭嘴龙头骨

这样两种植食性恐龙家族可以在同一片土地上和谐共存。植食性恐龙巧妙地避免了同类间恶性竞争，尽可能地减少了损耗。

植食性恐龙需要随时保持警惕，把精力放在躲避真正的敌人这件事上。大型植食性恐龙有着体形的优势可以对抗一些天敌，而类似于鹦鹉嘴龙这样的小型恐龙需要面对更多天敌，一不小心就会成为其他肉食动物的盘中餐。

鸭嘴龙

现在我们知道，鹦鹉嘴龙除了天敌以外还要不断拓展饮食范围，增加生态占位，可能还会面对一些种内竞争。手无寸铁的鹦鹉嘴龙家族就像恐龙王国中的一盘菜，任人宰割。可面对这样严酷的生存环境，鹦鹉嘴龙家族竟还存活了很长一段时间。

　　"卖萌"当然不能成为鹦鹉嘴龙的求生之道。它们为了在严酷的
生存环境中存活下去，研究出一套属于自己的生存之道——"龙多力
量大"。

庞大的种群数量对于鹦鹉嘴龙家族而
言至关重要，鹦鹉嘴龙会尽快长大，加快
繁衍速度，用产量来弥补"损耗"。

鹦鹉嘴龙头骨

颧角

　　颧角是鹦鹉嘴龙的颧骨向外突出而形成的角，看上去就像它们
面部两侧长着的两个尖角。不同种类的鹦鹉嘴龙的颧角特征也不同，
所以颧角是辨别鹦鹉嘴龙家族成员的重要依据之一。

颧角

为了将家族不断繁衍壮大，每只鹦鹉嘴龙都努力生长。

鹦鹉嘴龙个体的快速成长为家族的壮大提供了一定的条件。

古生物学家通过生长轮算法计算了鹦鹉嘴龙的生长和年龄的关系，发现鹦鹉嘴龙生长速度极快，它们在3～4岁就长到成年鹦鹉嘴龙的大小了，其体长基本上每年都会增加一倍。

小鹦鹉嘴龙

这样说大家可能没有概念，要知道，暴龙从暴龙宝宝长大到成年暴龙要用将近20年左右的时间哦！

鹦鹉嘴龙快速长大对它们具有很大的意义。体形快速变大意味着身体会更加强壮，可以帮助鹦鹉嘴龙更好地生存，减少了很多被捕食的风险。这也意味着它们需要吸收更多的营养来提供所需的能量，为此它们竟然吃石子。

鹦鹉嘴龙骨架

古生物学家在成年鹦鹉嘴龙的胃里发现大量的胃石。成年鹦鹉嘴龙的"鹦鹉嘴"咬合力极好，牙口却不怎么行，它们得通过吞食小石子来帮助消化，与现代鸟类吞食石子帮助消化类似。

鹦鹉嘴龙的胃石

古生物学家曾经在它们的胃中发现大概50颗石子。

幼年鹦鹉嘴龙和成年鹦鹉嘴龙不同，鹦鹉嘴龙幼崽的胃里没有发现胃石，古生物学家推测成年鹦鹉嘴龙会吃高纤维的粗硬植物，而鹦鹉嘴龙幼崽会食用嫩叶等容易消化的低纤维植物。

不同的取食方式造就了成年鹦鹉嘴龙和幼年鹦鹉嘴龙分别在不同的地方寻找食物。鹦鹉嘴龙家族通过扩大食物选择范围的方式来提升生存能力。

觅食

身体的快速长大还有一个更重要的意义就是可以尽快地成家立业、生儿育女，鹦鹉嘴龙家族需要尽快地繁衍，快速地壮大自己的群体。可是一只鹦鹉嘴龙的一生时间并不长，只有10年左右的寿命，在恐龙王国算得上是"短命龙"了。它们6岁左右结婚生子，留给它们生儿育女的时间只有4年左右。古生物学家调侃鹦鹉嘴龙家族为"长得快，死得早"家族。

鹦鹉嘴龙是如何找到自己伴侣的呢？古生物学家在它们的尾部发现有一排中空的管状刺毛，类似于"刚毛"的皮肤衍生物，古生物学家认为这些硬质的"刚毛"可能用于在群体间传递信息，进行交流。

所以它们的这些毛毛可能是它们恋爱时彼此交流的工具。除了用"刚毛"来交流，它们还可以通过气味来识别彼此，找到和自己"气味相投"的伴侣。

鹦鹉嘴龙的刚毛

古生物学家猜测，鹦鹉嘴龙可能也像鳄鱼那样，通过泄殖腔处的腺体释放出气味来吸引异性。也就是说，鹦鹉嘴龙见面或许会先互相闻闻彼此的尾部来了解对方。除此之外它们还有一些辅助技能，那就是"隐形术"与"颧角扎"。鹦鹉嘴龙具有隐蔽性的皮肤颜色，这是它们自带的"隐形衣"，可以使它们在猎食者的眼中"消失"，除了"隐形衣"，它们全身唯一看起来最像武器的是它们脸部两侧的角，古生物学家推测它们的颧角可能在种内斗争时用来分出胜负。甚至可以在食物不充足的时候威慑其他竞争者来争夺到更多的食物。

对于鹦鹉嘴龙家族来说，生儿育女、传宗接代可是头等大事，多生多育是它们家族的至上荣耀。

鹦鹉嘴龙骨架

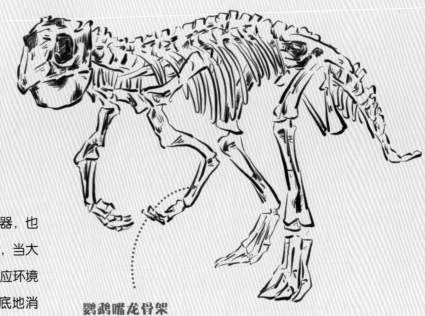

鹦鹉嘴龙骨架

鹦鹉嘴龙既没有与众多天敌抗衡的武器，也没有其他优越的身体素质，自身寿命又短，当大量的肉食性恐龙出现以后，它就因无法适应环境而逐渐灭绝了。不过鹦鹉嘴龙也不是彻底地消失，而是"变身"成另外一个模样。

鹦鹉嘴龙为了适应环境演化出的角龙后裔继续生存下来，并与其他恐龙一直共同称霸地球，直到白垩纪结束。

鹦鹉嘴龙"变身"为角龙类发生了哪些变化呢？

"变身"一：牙口变好。鹦鹉嘴龙牙口差，需要吃小石子，这导致它们取食范围狭窄，消化吸收差，体形小，力量弱。演化为角龙后，牙齿数量多达 800 多颗，而且换牙频繁，可以保证牙齿战斗力在线。牙齿形态复杂，可以形成像美工刀一样的切面，将植物充分咀嚼，而且可选择的植物类型广。

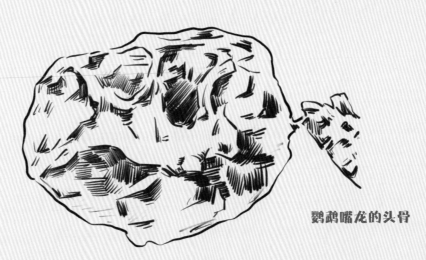

鹦鹉嘴龙的头骨

"变身"二：体形变大。鹦鹉嘴龙的小身体只有1~2米长，而后期的角龙长达9米，这样就不用再害怕那些肉食类哺乳动物啦！

鹦鹉嘴龙化石

"变身"三：拥有武器。没有武器的鹦鹉嘴龙在面对天敌时只能躲避和逃跑，脱离了集体更是岌岌可危。演化为角龙后长出"矛盾体"，矛与盾的完美结合，进可攻退可守，即使面对恐龙霸主暴龙都毫不畏惧，可以和它来一番猛烈的战斗。

所以消失的鹦鹉嘴龙并没有"消失"，它们只是演化为拥有矛和盾的植食"恐龙圣斗士"。

这是角龙家族适应环境的完美变身，在竞争激烈的丛林中通过演化占据了一席之地。

"恐龙圣斗士"

完美的角和颈盾

你知道吗？早在几千万年前的白垩纪，恐龙王国的角龙家族就长出了角与颈盾相结合的完美武器。

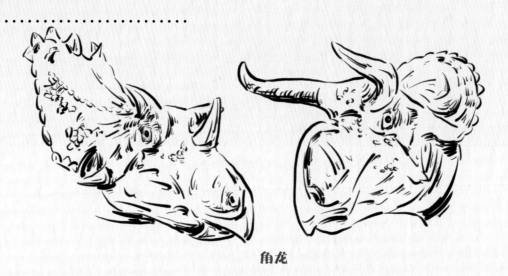

角龙

事实证明，角龙家族角和颈盾的完美结合大大提高了它们的生存几率，角龙家族一直将星星之火延续到白垩纪结束。角龙的角长在它们眼睛和鼻子上方，颈盾是它们的头颅向后方延伸出的一部分，覆盖住它们的脖子和肩膀，形成一面护体的盾牌，保护它们的颈部与肩部不受伤害。

正在攻击的角龙

角龙家族的家人们具有各式各样的角和颈盾，成为它们家族独特的标志，它们仍旧保留了鹦鹉嘴龙前辈咬合力极强的"鹦鹉嘴"。

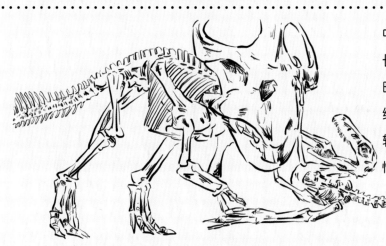

后期角龙家族的平均体长6~9米，属于中等体形恐龙，它们用四足行走，腿也不长，所以重心较低，走路稳稳当当的，战斗时也不容易被掀倒，加上它们头上角和颈盾组成的完美武器，一般的肉食性恐龙并不敢轻易招惹它们，其中三角龙的战斗力最强悍，连丛林霸主暴龙它都不放在眼里。

原角龙和伶盗龙骨架

古生物学家发现的很多三角龙与暴龙打斗的证据中，三角龙的化石上发现了暴龙刺穿它们颈盾的咬痕。它们的完美武器看来也不是完全坚不可摧呀，所以三角龙可以用它们的武器战胜暴龙吗？它们能够"龙口逃生"吗？

1997年，古生物学家在美国的一个农场发现了一具三角龙化石，起名叫"凯尔西"。"凯尔西"的身形很高大，体长可达6.1米，身高约2.5米，体重约6吨。"凯尔西"的头部特别大，加上颈盾的长度可达2米，约占体长的1/3。

"凯尔西"骨架

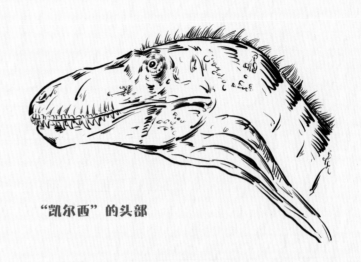

"凯尔西"的头部

最重要的是，在"凯尔西"挖掘的过程中还在化石周围找到了超过30颗属于矮暴龙的牙齿化石，并且在"凯尔西"的化石上发现有牙齿留下的咬痕。

"凯尔西"的牙齿

古生物学家猜测它们之间可能发生了一场恶斗，是不是一群矮暴龙联手将"凯尔西"捕杀了呢？经过一番复原与研究，发现三角龙身上的咬痕是在它死后才留下的，所以事实更可能是一群矮暴龙吃掉了已经死去的三角龙的尸体，在啃食骨肉的时候还硌掉了牙齿。原来这次是一场暴龙家族"不劳而获"的胜利。

　　古生物学家还在其他化石上找到了三角龙与暴龙之间斗争的痕迹。从一只三角龙化石的面颊骨和眼睛上的一只角的边缘发现了暴龙的齿痕，它的角也折断了，但这些齿痕都是痊愈后的迹象，证明这些伤口是三角龙存活时就留下的。

战斗的三角龙与暴龙

　　这一证据就说明，三角龙与暴龙之间发生过斗争，植食性动物三角龙在与恶霸暴龙的对战中取得了胜利！它是如何获胜的呢？古生物学家复原了当时激烈战斗的场景。

我心爱的
鹦鹉嘴龙

一只成熟的雌性暴龙刚刚穿过森林，徘徊在浅水附近的一堆岩石周围，除了拥有良好的视力和听力以外，它还有强大而敏锐的嗅觉，它天生就是一名出色的猎食者。

这时暴龙远远地看见一只落单的三角龙，暴龙立马锁定目标，悄悄尾随，伺机而动。暴龙低伏下头，身子蹲下，判断自己与三角龙之间的距离。远处一只强壮的成年雄性三角龙正在离同伴较远的河边喝水，三角龙时刻保持警惕，观察着周边的环境。突然三角龙看到岩石的不远处一只暴龙向他奔来，三角龙并没有害怕，勇敢地将身体朝向暴龙，抬起头，将自己的角和颈盾朝向敌人，以防御的姿态迎接暴龙。

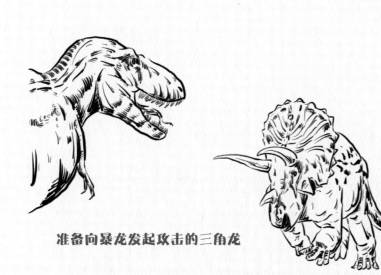

准备向暴龙发起攻击的三角龙

暴龙尾部高高翘起，身手敏捷地向三角龙飞速跑来，扑向三角龙的身体，三角龙摇动着它巨大的颈盾，将它的角对准暴龙。

暴龙不得不躲避三角龙的角，它无法接近三角龙柔软的颈部，三角龙的颈部被颈盾保护得严严实实。暴龙动作敏捷地跑到另外一侧，准备换个方向袭击，它快速地冲向三角龙的后面，试图用它有力的大头将三角龙推倒掀翻，这样就可以咬开三角龙的肚子，但三角龙身宽体胖，体重又重，腿短到身体几乎贴近地面，它的重心很低，它们很难被撞倒掀翻。

敏捷的暴龙

暴龙的意图并没有得逞，暴龙不
但没有把三角龙撞倒，反而被三角龙
的一只角插进腿中并被撞倒在地。

三角龙的角插进暴龙的腿

暴龙用它的"小短手"艰难地撑地重
新站起来，可是它已经受伤了，它的速度
变慢了，它再次冲向三角龙，用它锋利的
牙齿咬穿了三角龙的颈盾，破坏了三角龙
的头骨，听起来好像很严重，可是三角龙
并没有被伤到要害。三角龙这次真的生气
了。它要发起反击，好好教训一下这只不
知天高地厚的暴龙。

**聪明的暴龙意识到，惹一只暴怒的成年雄性三角龙
是多么危险，况且自己还受伤了，再战下去对自己是很
不利的。**

暴龙心想为这一顿饭赔上性命可不值，还有其他老弱病残的植食性恐龙等着它享用呢。还
没等三角龙展开进攻，暴龙一溜烟跑没影了。英勇的三角龙胜利了！原来霸主暴龙也不是战无
不胜呀。

雄性成年角龙遇到暴龙可以和它周旋一番，可是当角龙家族的宝宝遇到暴龙的袭击怎么办呢？群体中的"老弱病残"一直都是肉食性恐龙专门猎食的对象。

当遇到这样的情况，角龙家族会团结起来，保护自己家族的孩子。当遇到猎食者时，群居型的角龙很可能会围成一个防御圈，把幼崽围在中央保护起来，让颈盾对着猎食者来进行防御。猎食者想要从一个防御阵列中抓出一只幼龙是相当困难的。幼年角龙也学会了运用团体的力量，共同抵御猎食者。

颈盾作为角龙的防御武器来说是很容易受伤的。古生物学家在另一只三角龙"大约翰"的颈盾化石上发现了钥匙形开孔。

古生物学家经过电子显微镜的观察，发现伤口是新生长出来的，也就是说孔洞正在愈合。但是在愈合的同时，这个伤口的周围出现了感染的症状，所以这个开孔伤口曾经导致了发炎。这对于那时候的恐龙来说是致命的，因为恐龙们没有抗生素来帮助它们消炎，发炎可能会引起其他疾病从而感染致死。

"大约翰"脑袋上的开孔

那么"大约翰"的死亡是这个开口引起的吗？古生物学家并没有给出确定的答案。

根据研究表明，这个伤口是"大约翰"死前六个月出现的，而且伤口之后存在明显的愈合，所以"大约翰"的死亡也有可能是其他原因导致的。那这个伤口是被谁咬伤的呢？古生物学家想到的第一嫌疑龙就是暴龙，暴龙的尖锐牙齿的确能够咬穿三角龙骨质的颈盾，但是其牙齿形状与开孔外形明显不符，所以暴龙并不是真凶。

受伤的"大约翰"

那会是谁呢？古生物学家怀疑有可能是种内斗争引起的，三角龙之间经常会爆发激烈的冲突，决斗时它们会用头碰头，角交叉抵在一起的方式进行决斗，这样的打斗方式很容易留下伤口。

可是古生物学家观察"大约翰"的伤口时发现，正面决斗是不会留下这样形状的伤口的，这样的伤口像是同类用长角从后方偷袭，戳破了"大约翰"的颈盾。

种内争斗

这么来看，角龙家族的角和颈盾在内争外斗中都能发挥很大的战斗力！

受伤的暴龙

现代电影中将三角龙塑造成冲锋战士，用它们的尖角奋力冲向猎食者。因此，古生物学家想探究一下它们角的威力到底有多大，他们以三角龙为例进行了一个测验，在2005年BBC的电视节目《恐龙凶面目》中模拟了三角龙是如何抵抗猎食者攻击的，他们制作了一个人工的三角龙头部模型，模拟犀牛攻击的方式，以每小时24千米的时速撞向模拟的暴龙皮肤，惊人的结果出现了，巨大的冲击力刺穿了暴龙的皮肤，也粉碎了三角龙的头部模型。

实验证明，三角龙并不会采用这样玉石俱焚的攻击方式，而是等敌人接近时，用它们的角和颈盾进行防御和刺击。所以，三角龙是以防御为主的，并不会以冲击的方式进行攻击，看来它们的颈盾并不是用来主动攻击的。

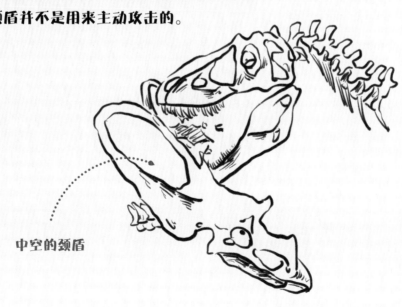

中空的颈盾

那角龙家族的颈盾主要是用来做
什么呢？它们为什么要演化出这个巨
大的颈盾呢？

角和颈盾

有些古生物学家提出，巨大的颈盾可能是用于增加身体的表面积，以协助调
节体温的，让热量从血管中释放出来，就像剑龙背上的气温调节板一样。

如果角龙的角和颈盾主要功能是用于调节体温或者打斗的
话，应该就会以有限的几种形态遗传下去。但是，不同种类的
角龙的角和颈盾的形状五花八门，各有千秋，貌似大家在争奇
斗艳。

角龙颈盾皮肤下面的区域分布着大量的血管，血
液可以随时涌入颈盾，改变或者加深颈盾的颜色，使
其变得艳丽多彩。

艳丽多彩的颈盾

幼年角龙的角和颈盾并没有其他"装饰物"，长得都基本相似，只有长到成年以后才会具有可以展示的角和
颈盾。古生物学家仔细观察了三角龙颈盾和角的成长变化，幼年三角龙的三个角都只是小突起，到了青少年时
期，眼眶上的角会朝上后方生长。随着不断生长，眼睛上方的角会逐渐长大，并朝下长，围绕在颈盾上的三角形
骨骼凸起也越来越大，等到成年后，原来向上弯曲的角又会向下弯曲。围绕在颈盾上的三角形骨骼突起也变得扁
平。三角龙小时候与成年的模样差别还是很大的，所以它们发育出各式各样角和颈盾是成年角龙的专属。

这样来看，角和颈盾就可能是用来向异性
展示魅力寻找配偶的，为了吸引异性的眼光而
演化出各式各样的角和颈盾。

三角龙（幼年至成年）角的变化

我心爱的
鹦鹉嘴龙

攻击

角龙类不愧是鹦鹉嘴龙的后代，成家立业、生儿育女、传宗接代依旧是角龙家族的头等大事，在种族的繁衍生息上投入巨大的精力和能量，整个家族演化出如此巨大的装饰物。而且在三角龙的化石上发现了大量被同类刺伤的痕迹，说明它们会经常打斗。种内打斗一般是为了争夺配偶和确立群体地位。

也有可能它们不需要打斗，只需要比比谁的颈盾和角更大更华丽，颈盾华丽的直接取胜。同时华丽的颈盾会增加头部尺寸，可以吓唬猎食者，会让一些谨慎的猎食者望而却步。

看来角龙家族演化出角和颈盾的本意是为了繁衍，结果无心插柳柳成荫，还能用来抵御和恐吓猎食者。不管是出于什么目的，角和颈盾都成为了角龙家族的"护身符"，庇护着角龙家族，在一次次考验中生存了下来。

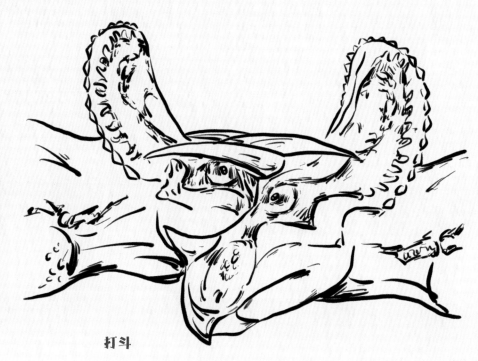

打斗

第四章 追寻恐龙

提起恐龙，许多人脱口而出的可能是暴龙、三角龙、梁龙和腕龙，但这些都是生活在史前北美洲的恐龙，如果你是恐龙迷，你能说出几种生活在中国的恐龙吗？或者你知道世界上发现恐龙数量最多的国家是哪个吗？

截至 2022 年 4 月，中国已经研究命名了 338 种恐龙，并且每年还在以 10 个左右的新种类增长。目前，古生物学家在全国的 22 个省级行政区都发现了恐龙化石，其中，辽宁、内蒙古和四川地区埋藏了丰富的恐龙化石，是名副其实的"恐龙大户"。

角龙家族来报到

我是内蒙古鹦鹉嘴龙，我的化石发现于内蒙古自治区鄂尔多斯市。

我是大岛氏古角龙，我的化石发现于甘肃省酒泉市。

我是安氏原角龙，我的化石发现于内蒙古自治区巴彦淖尔市。

我是诸城中国角龙，我的化石发现于山东省诸城市。

我心爱的
鹦鹉嘴龙

我是皱纹黎明角龙，我的化石发现于甘肃省酒泉市。

我是当氏隐龙，我的化石发现于新疆维吾尔自治区准噶尔盆地。

我是侯氏红山龙，我的化石发现于辽宁省北票市。

我是戈壁微角龙，我的化石发现于内蒙古自治区巴彦淖尔市。

我是辽西朝阳龙，我的化石发现于辽宁省朝阳市。